BEI GRIN MACHT SICH IHR WISSEN BEZAHLT

- Wir veröffentlichen Ihre Hausarbeit, Bachelor- und Masterarbeit

- Ihr eigenes eBook und Buch - weltweit in allen wichtigen Shops

- Verdienen Sie an jedem Verkauf

Jetzt bei www.GRIN.com hochladen und kostenlos publizieren

Maddalena Kent

Die Diskrepanz zwischen dem gesellschaftlichen Anspruch der Mathematik und ihrer Beliebtheit

GRIN Verlag

Bibliografische Information der Deutschen Nationalbibliothek:

Die Deutsche Bibliothek verzeichnet diese Publikation in der Deutschen Nationalbibliografie; detaillierte bibliografische Daten sind im Internet über http://dnb.d-nb.de/ abrufbar.

Dieses Werk sowie alle darin enthaltenen einzelnen Beiträge und Abbildungen sind urheberrechtlich geschützt. Jede Verwertung, die nicht ausdrücklich vom Urheberrechtsschutz zugelassen ist, bedarf der vorherigen Zustimmung des Verlages. Das gilt insbesondere für Vervielfältigungen, Bearbeitungen, Übersetzungen, Mikroverfilmungen, Auswertungen durch Datenbanken und für die Einspeicherung und Verarbeitung in elektronische Systeme. Alle Rechte, auch die des auszugsweisen Nachdrucks, der fotomechanischen Wiedergabe (einschließlich Mikrokopie) sowie der Auswertung durch Datenbanken oder ähnliche Einrichtungen, vorbehalten.

Impressum:

Copyright © 2009 GRIN Verlag GmbH
Druck und Bindung: Books on Demand GmbH, Norderstedt Germany
ISBN: 978-3-656-35491-8

Dieses Buch bei GRIN:

http://www.grin.com/de/e-book/208072/die-diskrepanz-zwischen-dem-gesellschaftlichen-anspruch-der-mathematik

GRIN - Your knowledge has value

Der GRIN Verlag publiziert seit 1998 wissenschaftliche Arbeiten von Studenten, Hochschullehrern und anderen Akademikern als eBook und gedrucktes Buch. Die Verlagswebsite www.grin.com ist die ideale Plattform zur Veröffentlichung von Hausarbeiten, Abschlussarbeiten, wissenschaftlichen Aufsätzen, Dissertationen und Fachbüchern.

Besuchen Sie uns im Internet:

http://www.grin.com/

http://www.facebook.com/grincom

http://www.twitter.com/grin_com

Immanuel-Kant-Gymnasium Münster-Hiltrup
Schuljahr 2009/2010

Die Diskrepanz zwischen dem gesellschaftlichen Anspruch der Mathematik und ihrer Beliebtheit

Münster

Februar 2010

Inhaltsverzeichnis

1. Einleitung..S.3
2. Definition und Geschichte der Mathematik.....................................S.4
3. Meine Umfrage und ihre Auswertung...S.6
4. Bedeutung der Mathematik für die Gesellschaft.............................S.8
   - 4.1. Praktische Anwendung..S.8
   - 4.2. Weiterführende Anwendungen.......................................S.9
5. Gründe der Unbeliebtheit..S.10
   - 5.1. Schwierigkeiten der Mathematik....................................S.10
   - 5.2. Aufgabenart der Mathematik..S.12
   - 5.3. Methoden der Mathematik..S.13
6. Fazit..S.14
7. Literaturverzeichnis..S.15

Einleitung

„Und was machst du so?""Ich studiere Mathematik.""Mathematik?! Oh Gott."
Solche und ähnliche Gespräche hört man immer wieder und diese Reaktion auf ein Mathematikstudium kommt oft vor, es könnte gar meine eigene sein.
Ich frage mich beispielsweise auch:
Warum studiert man Mathematik?
Warum haben viele (auch ich) eine Abneigung der Mathematik gegenüber?
Wenn so viele ein Problem damit haben warum wird Mathematik trotzdem von der Gesellschaft vorausgesetzt?
Da ich seit mittlerweile 12 Jahren dazu verpflichtet bin mich mit den Problemen der Mathematik zu beschäftigen ertappe ich mich bei den Gedanken:
Warum mache ich das? Werde ich es jemals brauchen? Warum bereitet es mir Schwierigkeiten?
Diese Fragen brachten mich schließlich dazu meine Facharbeit im Fach Mathematik zu schreiben.
Dass ich als Thema etwas wählen könnte, was mich, wie bereits beschrieben, wirklich interessiert, war mir vorerst allerdings nicht bewusst, so spielte ich mit dem Gedanken als Thema einen Logarithmus zu wählen, doch durch Gespräche mit meinem Mathematik-Fachlehrer Herrn Peters fand ich schließlich zu meinem letztendlichen Thema:
„Die Diskrepanz zwischen dem gesellschaftlichem Anspruch der Mathematik und ihrer Beliebtheit."
Es greift die Diskussion auf die während Mathematikstunden immer wieder aufkommt.
In der folgenden Facharbeit werde ich diese Diskrepanz auf Umfragen basierend feststellen und sowohl Gründe als auch potenzielle Präventionsmaßnahmen für die Entstehung dieser Unbeliebtheit aufzeigen.

Vielleicht werde ich sogar herausfinden weshalb es auch für mich persönlich wichtig ist mich mit der Mathematik und ihrer möglichen Faszination zu beschäftigen, also kann ich schlussfolgernd sagen:
Ich erwarte mir viel von meiner Facharbeit.

Definition der Mathematik

„Mathematics may be defined as the subject in which we never know what we are talking about, nor whether what we are saying is true." [1]

Den Einstieg in das Thema der Mathematik erleichtert zunächst die obige Definition, um später den Blick auf die Gründe ihrer Unbeliebtheit beziehungsweise ihrer Notwendigkeit zu lenken.

Frei aus dem griechischen übersetzt bedeutet der Begriff Mathematik: „das Gelernte" [2]. Wikipedia erklärt Mathematik folgendermaßen:

„Für Mathematik gibt es keine allgemein anerkannte Definition; heute wird sie üblicherweise als eine Wissenschaft, die selbst geschaffene abstrakte Strukturen auf ihre Eigenschaften und Muster untersucht, beschrieben." [3]

Vereint man nun die Übersetzung und die Definition erhält man eine sehr treffende Beschreibung der Mathematik:

Auch wenn es keine allgemein anerkannte Definition für die Mathematik gibt; wird sie üblicherweise als eine Wissenschaft beschrieben, die aufgrund von gelernten Gesetzmäßigkeiten selbst geschaffene abstrakte Strukturen auf ihre Eigenschaften und Muster untersucht.

Um das Jahr 3000 v. Chr. nahm die Mathematik, den Überlieferungen zufolge, bei den Sumerern ihren Anfang. Die sumerischen Zahlen basierten auf einem Zahlensystem in dem die natürlichen Zahlen darstellbar waren, die rationalen Zahlen jedoch nur in der Form 1/(2a3b5c), mit a, b, c aus den natürlichen Zahlen. Praktisch gerechnet wurde mit Rechentafeln aus Ton. Außerdem gab es erste geometrische Aufgaben, wie z.B. das Umzäunen einer Fläche. Quasi zeitgleich entwickelte sich auch in Ägypten eine Form der Mathematik. Die Zahlen der Ägypter basierten auf einem Dezimalsystem, indem alle natürlichen Zahlen dargestellt werden konnten. Auch rationale Zahlen waren bekannt und hatten bei den Ägyptern die Stammbruchdarstellung der Form (1/x)+(1/y)+... .

---

[1] Bertrand Russel
[2] Der Brockhaus in 15 Bänden, Leipzig-Mannheim 1998
[3] http://de.wikipedia.org/wiki/Mathematik

Erstmals wurden Volumenberechnungen (Pyramidenvolumen) angestellt, sowie lineare und quadratische Gleichungen geometrisch gelöst.

Um 600 v. Chr. bildete sich dann in Griechenland eine neue Mathematikkultur. Einige Mathematiker dieser Zeit waren Thales von Milet, Pythagoras (und die Pythagoreer), Aristoteles, Euklid und Archimedes.

Die Mathematik der Griechen basierte auch auf einem Dezimalsystem.

Ein großer Teil griechischer Mathematik ist uns heute aus Euklids „Elementen" (Zusammenfassung der damals bekannten Mathematik) bekannt.

Dort ist erstmals eine neue Herangehensweise an mathematische Probleme zu erkennen: Die griechischen Mathematiker waren die ersten, die versuchten, ihre mathematischen Aussagen zu beweisen.

Dies ist der wesentliche Unterschied zwischen der Mathematik der Griechen und der der Sumerer und Ägypter.

Ab dem Jahre 1202 gab es eine bedeutende Entwicklung der Mathematik in Europa: Fibonacci brachte mit seinem Buch Liber abbaci (Buch des Rechnens) die arabischen Zahlen aus Afrika nach Europa.

Die arabischen Ziffern, die nur im Westen als "arabische" bezeichnet werden aber eigentlich aus Indien stammen, gleichen denen die auch noch heute in der westlichen Welt gebraucht werden.[4]

Die arabischen Ziffern bieten gegenüber römischen Ziffern den Vorteil, dass das Dezimalsystem sehr einfach abzubilden ist.

Besonders Rechenoperationen mit größeren Zahlen sind mit den arabischen Ziffern sehr viel einfacher zu bewerkstelligen, denn mit den zehn Ziffern des arabischen Systems lässt sich jede beliebige Zahl bilden während bei den römischen Ziffern nur durch komplizierte Regeln eine Zahl zu bilden ist. [5]

Zum Beispiel bedeutet Arabisch „3446" in römischen Ziffern: „MMMCDVLI".

Zusammengefasst lässt sich feststellen dass früher, im Vergleich zu heute, vor allem mit den Fingern, Rechentafeln und natürlich mit Stift und Papier gerechnet wurde.

Letztere werden heute auch noch genutzt dazu kommen allerdings Taschenrechner und Computersoftware wie CAS (Computergesteuerte Algebra-Software) oder DGS (Dynamische Geometrie-Software).

---

[4] http://www.mathematik.de
[5] http://www.uni-protokolle.de/Lexikon/Arabische_Zahlen.html

Ergebnisse meiner Umfrage und ihre Auswertung

Um mich nun meiner eigentlichen Frage zu widmen untersuchte ich, wie die Schüler selber „Die Diskrepanz zwischen dem gesellschaftlichem Anspruch der Mathematik und ihrer Beliebtheit" beurteilen. Die Umfrage wurde im Zeitraum vom 15.02.210 bis zum 28.02.2010 online durchgeführt und am Computer ausgewertet.

Befragt wurden 50 Schüler zwischen 12 und 20 Jahren.

Ich bin...

männlich (64%) weiblich (36%)

Besuche ein...

Gymnasium 100%

Besuche die Klassenstufe...

6 (4%) 10 (6%)11(14%) 12 (42%) 13 (34%)

Was ist dein Lieblingsfach?

Naturwissenschaft (4%) Sprachen (38%) Gesellschaftswissenschaften(22%) Sonstiges(36%)

Wenn dein Lieblingsfach eine Naturwissenschaft ist...welche ist es?

Mathematik(0%) Physik (2%) Biologie (2%) Chemie(0%)

Was ist dein „Hassfach"?

Mathematik (42%) Physik (32%) Biologie (12%) Geschichte (14%)

Denkst du du könntest eine bessere Mathematiknote erzielen wenn du mehr lernen würdest?

Ja (34%) Vielleicht (22%) Nein (44%)

Denkst du du könntest eine bessere Englisch oder Deutschnote erzielen wenn du mehr lernen würdest?

Ja (6%)Vielleicht(32%) Nein (62%)

Wünschst du dir einen alltagsnäheren Mathematikunterricht?

Ja (64%) weiß nicht (12%) nein (24%)

Für wie wichtig hältst du Mathematik im Alltag?

Sehr wichtig (90%) geht so (10%) unwichtig (0%)

Ist es vorauszusehen dass du die Mathematik deiner aktuellen Klassenstufe mal benötigen wirst?

Ja (8%) vielleicht (16%) nein (76%)

Die Ergebnisse der Umfrage unterstützen die Hypothese, dass Mathematik eher unbeliebt ist.

Fast die Hälfte der befragten Personen gab Mathematik als das „schulische Hassfach" an, während keiner es als sein Lieblingsfach bezeichnete.

Weiterhin ist auffällig, dass 34% der Schüler davon ausgehen durch Lernen eine bessere Note im Fach Mathematik erreichen zu können, während 44% dies absolut verneinen. Im Vergleich dazu gaben nur 6% an, die Deutsch- oder Englischzensur durch Lernen verbessern zu können.

Diese Ergebnisse führen zu der Hypothese, dass viele der Schüler ihre Zensuren verbessern könnten, allerdings aus unbekanntem Grund unmotiviert oder blockiert sind sobald es um Mathematik geht.

Ein möglicher Grund hierfür ist alltagsferner Unterricht, denn 64% der Befragten wünschen sich einen alltagsnäheren Unterricht.

Weiterhin gehen 76% der Schüler davon aus, dass sie die Mathematik die sie momentan in der Schule behandeln niemals gebrauchen werden.

Ein erschreckendes Ergebnis denn die Umfrage richtete sich an Schüler der Klassenstufen 6-13, also nicht nur an eine bestimmte Klassenstufe die eventuell momentan ein sehr abstraktes Thema behandelt.

Ganz im Gegensatz zu den bisherigen Ergebnissen steht die Aussage der Schüler dass sie Mathematik im Alltag für sehr wichtig halten wie sie es zu 90% angaben.

Bedeutung der Mathematik für die Gesellschaft

Wie bereits in den Ergebnissen der von mir erstellten Umfrage zu ersehen ist, nimmt die Mathematik für die Gesellschaft einen sehr hohen Stellenwert ein.
Nun ist es wichtig festzustellen in welchem Maße die Gesellschaft selbst die Mathematik nutzt und in welchen fachspezifischen Bereichen sie unumgänglich ist.
Mathematik schult ein Art logischen Denkens, die man in seinem ganzen Leben benutzen kann, deshalb bevorzugen viele Firmen Mathematiker.
Diese logische Art zu Denken bedeutet z.b.: sehr hartnäckig nach Gründen zu suchen, zu hinterfragen (z.B. wenn man die Zeitung liest nicht alle Statistiken zu glauben); Folgerungen abzuleiten und logische Schlüsse zu ziehen.
„Empirische Untersuchungen bestätigen, was als geteilte Erfahrung zum Alltagswissen in unserer Gesellschaft gehört – wenn es auch selten deutlich ausgesprochen wird: Die bei weitem überwiegende Mehrzahl der Erwachsenen verwendet in ihrem beruflichen und privaten Alltag tatsächlich keine Mathematik die „höher" ist als Prozent-, Zins- und Dreisatzrechnung" [6].

Praktische Anwendung

Demnach benutzt der Großteil der Bevölkerung die Mathematik, die im Lernstoff bis zur Klassenstufe sieben enthalten ist. [7]
Das typische aber auch beste Beispiel hierfür ist das Einkaufen:
Um den Preis eines um 20% reduzierten Produktes zu errechnen benutzt man die Prozent- und Dreisatzrechnung.
Weiterhin werden die Grundrechenarten benötigt um die Preise der Einkäufe zu addieren.

---

[6] Hans Werner Heymann
[7] http://won.mayn.de/weitere/Lehrplan/M-00-Inhalt.html#6

Weiterführende Anwendungen

Nur bestimmte Bevölkerungsschichten beziehungsweise Berufsgruppen, vor allem die der Wissenschaftler, benutzen im beruflichen Alltag die höhere Mathematik.
Aber nicht nur für Mathematikstudenten ist die höhere Mathematik unumgänglich sondern auch für alle anderen Naturwissenschaften so wie Physik, Biologie oder Chemie.
Später dann sind es die beispielsweise in der Datenverarbeitung oder im Ingenieurswesen Tätigen, die sie alltäglich nutzen.
So könnte beispielsweise keine Brücke ohne Mathematik geplant und gebaut werden.
Außerdem ist die Mathematik bei fast allen Neuentwicklungen notwendig wie zum Beispiel: "Bei der Krebsbekämpfung ermitteln Mathematiker, wie man die Antennen zur Bestrahlung am effektivsten anbringt", erklärt Prof. Ehrhard Behrends vom Fachbereich Mathematik und Informatik an der Freien Universität Berlin.[8].

Also auch wenn der Anteil derer, die die Mathematik die über die Klassenstufe sieben hinausgeht benutzen, relativ gering ist, wären Forschung, Neuentwicklungen und viele Fachbereiche die die „Nicht-Wissenschaftler" an eben diesen geringen Anteil von Experten übertragen, nicht möglich und genau deshalb ist die Mathematik zu Recht in der Gesellschaft hoch anerkannt und gefordert, denn ohne sie läge unsere Kultur und unser Lebensstandard um einige Jahrtausende zurück.

"Hochtechnologie ist im wesentlichen mathematische Technologie."[9]

---

[8] http://www.rp-online.de/beruf/bildung/In-welchen-Berufen-man-Mathe-braucht_aid_619080.html
[9] Enquete-Kommission der Am. Akademie

Gründe der Unbeliebtheit
Schwierigkeit der Mathematik

Die Gründe die Schüler bzw. Menschen die sich mit Mathematik befassen angeben sind oft dieselben oder ähneln sich zumindest sehr.
Hier möchte ich nun die meistgenannten zusammenfassen.

"Moralisch [!] lehrt uns die Mathematik, sich streng [!] gegenüber dem zu verhalten, was als Wahrheit behauptet wird, was als Argument hervorgebracht wird oder was als Beweis angeführt wird. Die Mathematik fordert Klarheit der Begriffe und Behauptungen und duldet keinen Nebel und keine unbeweisbaren Erklärungen."[10]

Dieses Zitat Alexandrows beschreibt was die Mathematik für Anforderungen stellt und mit genau dieser Anforderung der mathematischen Strenge tun sich viele schwer denn für ungenaue Angaben oder weit ausschweifende Diskurse ist in der Mathematik kein Platz, sondern Deutlichkeit und Beweisbarkeit ist gefragt, dies kann sowohl Schülern als auch Lehrenden Schwierigkeiten bereiten.

„Die Mathematiker sind eine Art Franzosen: redet man zu ihnen, so übersetzen sie es in ihre Sprache, und dann ist es also bald ganz etwas anderes."[11]

Schüler versuchen oftmals mathematische Vorgänge zu verstehen indem sie sie auf alltägliche Dinge übertragen oder mit Erfahrungen verbinden und diese wiederum auch mit alltäglichen Begriffen ausdrücken, Lehrer sollten dem offen gegenüber sein und nicht zu sehr auf ihre exakten fachspezifischen Begriffe beharren und auch beim erklären versuchen eine den Schülern bekannte Sprache zu verwenden und erst dann die Nutzung der korrekten Begriffe sicherzustellen
Leider ist dies nicht immer der Fall und kann dann schnell demotivieren.

---

[10] A. D. Alexandrow
[11] Johann Wolfgang von Goethe

"Die Mathematik muß man schon deswegen studieren, weil sie die Gedanken ordnet."[12]

Die Mathematik fordert wie alle wahren Wissenschaften eine sehr logische Denkweise, und das „Treiben" eines Mathematikers zu sehen kann durchaus beängstigend und undurchschaubar wirken sogar kühl und unmenschlich.
Diese beängstigende Wirkung hält viele davon ab sich überhaupt ernsthaft mit den Problemen der Mathematik zu beschäftigen und es kommt zu der Aussage : „Das werde ich nie können/verstehen."
Beschäftigt sich der Schüler nun doch mit einem scheinbar unlösbaren Problem so kann seine Rechnung einen simplen Fehler haben und auch wenn er im Folgenden noch so richtig vorgeht wird sein Ergebnis dann falsch sein.

"Alles was lediglich wahrscheinlich ist, ist wahrscheinlich falsch."[13]

Es gibt es zwischen richtig oder falsch keinen Spielraum was verunsichern und demotivieren kann.
Deshalb begeistern sich viele nur schwerlich für umfangreiche oder gar komplizierte Rechnungen über die man weiterhin noch den Überblick behalten muss was wiederum nur mit „mathematischer", systematischer Denkweise zu handhaben ist.

---

[12] M. W. Lomonossow
[13] Rene Descartes,

Aufgabenart und Inhalt der Mathematik

In der Schulmathematik wird oftmals der Bezug zum Alltag und der fächerübergreifende Anteil vernachlässigt. Dies führt dazu, dass sich die Schüler nicht im Klaren darüber sind wofür sie bestimmte Problemlösungsverfahren überhaupt benutzen könnten und infolgedessen keinen Sinn darin sehen. Die sogenannten „Textaufgaben", die einen Bezug zur Praxis herstellen sollten sind wiederum vielmals verkompliziert und aus für die Schüler nicht relevanten beziehungsweise für sie uninteressanten Gebieten. So interessiert beispielsweise diese Aufgabe einen 12-jährigen in der Regel wenig:

Ein Unternehmer bezahlte im letzten Jahr 40% Einkommensteuer und von der Einkommensteuer noch 9 % Kirchsteuer. Sein Einkommen nach Steuerabzug betrug 54144,00 EUR. Ermitteln Sie das Einkommen vor Steuerabzug.[14]

Die Schüler der 6. Klassen sind selbst nicht davon betroffen Steuern zahlen zu müssen und können deshalb nur schwer einen Bezug zu dieser Aufgabe herstellen oder es auf ihr eigenes Leben übertragen. Außerdem zahlt die Einkommenssteuer der Arbeitnehmer und nicht wie hier angegeben der Arbeitgeber, sodass auch ein möglicher Lerneffekt für das spätere Leben hinfällig wird.

Weiterhin ist der Inhalt des Mathematikunterrichts zu kritisieren, denn nur ein gewisser geringer Anteil der Schüler wird die höhere Mathematik, die beispielsweise in der Oberstufe gelehrt wird, jemals im alltäglichen Berufs- oder Privatleben benutzen.[15]

„Zusammenfassend: Im herkömmlichen Mathematikunterricht wird der praktische Nutzen des zu Lernenden sowohl überschätzt wie unterschätzt. Einerseits brauchen die meisten Absolventen später erheblich weniger Mathematik, als es vielen Mathematiklehrer(inne)n lieb wäre; andererseits wird Vieles, was wirklich (fast) alle brauchen können, nur unbefriedigend vermittelt."[16]

Also ist sowohl dass, was vermittelt wird oftmals zu kritisieren als auch wie es vermittelt wird, worauf ich im folgenden Punkt weiter eingehen möchte.

---

[14] http://strobl-f.de/m6.html
[15] Vgl. S. Bedeutung der Mathematik für die Gesellschaft und Ergebnisse und Auswertung meiner Umfrage
[16] Hanswerner Heymann

Methoden der Mathematik

Eine Methode des Lehrens ist der Frontalunterricht welcher seit dem 17. Jahrhundert bis heute praktiziert wird.[17] Frontalunterricht bedeutet, dass der Lehrer im Zentrum des Unterrichtsgeschehens steht und für alle Schüler dasselbe Lernziel beziehungsweise dieselben Lernanforderungen gelten.[18]
Auch die Moderation des Unterrichtsgespräches zählt zu dieser Methode, die dazu führen kann, dass sich die guten Schüler engagieren die Schwächeren hingegen zurückbleiben, sich sogar verstecken, und dadurch vernachlässigt werden.

Methoden wie Gruppenarbeiten oder sogenannte Expertenrunden, in der sich jeder Schüler einer Kleingruppe über ein bestimmtes Thema informiert und so zum „Experten" dafür wird um es dann den anderen zu erklären, binden die Schwächeren besser ein und gehen mehr auf die verschiedenen Lernstände der Schüler ein. Außerdem ist so jeder Schüler gezwungen sich mit der Materie zu beschäftigen und keiner kann sich verstecken und durch das Erklären eines Sachverhaltes wird dieser besser verinnerlicht als durch bloßes Anhören der Ausführungen des Lehrers. Deshalb sollten Lehrer so oft wie möglich Methoden wie Gruppenarbeiten oder Expertenrunden in den Unterricht einbringen, sodass der Frontalunterricht nur noch einen geringen Anteil ausmacht zum Beispiel für Einführungen in neue Themen.

---

[17] http://www.kfztech.de/
[18] Kiper H./ Meyer H./ Topsch W.

Fazit

Die Mathematik fordert und schult eine bestimmte Denkweise sowie Exaktheit und Beweisbarkeit an die man sich gewöhnen beziehungsweise die man sich aneignen muss.
Diese kann Schüler einschüchtern und demotivieren und dies kann durch unvorteilhaften Unterricht wie zum Beispiel bloßen Frontalunterricht noch verstärkt werden.
Die Unbeliebtheit der Mathematik ist also nicht abzustreiten, doch es ist davon auszugehen, dass viele Schüler schlechte Erfahrungen mit ihr gesammelt haben, denen durch beschriebene Unterrichtsmodelle wie die Expertenrunde verbunden mit realistischen Aufgabentypen und Bezug zum Alltag, jedoch vorzubeugen ist.
Der Anspruch der Gesellschaft an die Mathematik ist hoch und wird auch hoch bleiben, zum einen weil ihr Nutzen und ihre Notwendigkeit nicht zu übersehen ist, zum anderen jedoch auch, weil hier, wie so oft, Furcht und Ehrfurcht nah beieinander liegen.
Menschen denen die mathematische Denkweise unverständlich ist, bemitleiden die, die sich damit quälen müssen, während sie die, die sie beherrschen, dafür bewundern.

Literaturverzeichnis

1 http://www.mathematik.de (22.02.10) Zitate
http://www.mathematik.de/ger/index.php?artid=506&option=kategorie&katId=66#kat66
2 Der Brockhaus in 15 Bänden, Leipzig-Mannheim 1998
3 http://www.wikipedia.de (22.02.10) Suchbegriff Mathematik
http://de.wikipedia.org/wiki/Mathematik
4 http://www.mathematik.de (20.02.10) Geschichte der Mathematik vom 31.01.2006
http://www.mathematik.de/ger/information/matheInGeschichteUndGegenwart/jahrtausende/kapitel2.html
5 http://www.uni-protokolle.de (20.02.10) Lexikon Arabische Ziffern
http://www.uni-protokolle.de/Lexikon/Arabische_Zahlen.html
6 Hans Werner Heymann 1999 Statement auf der Fachtagung „Unterrichtsqualität – Erfolgreiche Lehr- und Lernformen aus ffachdidaktischerSicht", LSW Soest, am 8. November 1999
7 http://won.mayn.de/ (04.03.10) Lehrplan Mathematik
http://won.mayn.de/weitere/lehrplan/M-00-Inhalt.html#6
8 http://www.rp-online.de/ (21.02.10) *Berlin/Hannover (RPO)* „Studienfach mit Zukunft, In welchen Berufen man Mathe braucht" vom 27.09.08
http://www.rp-online.de/beruf/bildung/In-welchen-Berufen-man-Mathe-braucht_aid_619080.html
9 http://www.mathematik.de (22.02.10) Zitate
http://www.mathematik.de/ger/index.php?artid=506&option=kategorie&katId=66#kat66
10 http://www.mathematik.de (22.02.10) Zitate
http://www.mathematik.de/ger/index.php?artid=506&option=kategorie&katId=66#kat66
11 http://www.mathematik.de (22.02.10) Zitate
http://www.mathematik.de/ger/index.php?artid=506&option=kategorie&katId=66#kat66
12 http://www.mathematik.de (22.02.10) Zitate
http://www.mathematik.de/ger/index.php?artid=506&option=kategorie&katId=66#kat66

13 http://www.mathematik.de (22.02.10) Zitate
http://www.mathematik.de/ger/index.php?artid=506&option=kategorie&katId=66#kat6

14 http://www.gutefrage.net (06.03.10)
http://www.gutefrage.net/frage/mathe-aufgabe-sehr-schwer

16 Hanswerner Heymann, Was ist guter Mathematikunterricht? Statement auf der Fachtagung „Unterrichtsqualität-Erfolgreiche Lehr- und Lernformen aus fachdidaktischer Sicht", LSW Soest, am 8. November 1999

17 http://www.kfztech.de/ (23.02.10) Frontalunterricht
http://www.kfztech.de/gast/zeuschner/frontalunterricht.htm

18 Kiper H./ Meyer H./ Topsch W. (2002): Einführung in die Schulpädagogik, Berlin